家居布置 厨房篇 魔法空间

《家居布置魔法空间》编委会 编著

海峡出版发行集团
THE STRAITS PUBLISHING & DISTRIBUTING GROUP

福建科学技术出版社
FUJIAN SCIENCE & TECHNOLOGY PUBLISHING HOUSE

图书在版编目（CIP）数据

家居布置魔法空间.厨房篇/《家居布置魔法空间》编委会编著.—福州：福建科学技术出版社，2013.1
ISBN 978-7-5335-4194-1

Ⅰ.①家… Ⅱ.①家… Ⅲ.①厨房－室内装饰设计－图集 Ⅳ.①TU241-64

中国版本图书馆CIP数据核字(2012)第291009号

书　　名　家居布置魔法空间·厨房篇
编　　著　《家居布置魔法空间》编委会
出版发行　海峡出版发行集团
　　　　　福建科学技术出版社
社　　址　福州市东水路76号（邮编350001）
网　　址　www.fjstp.com
经　　销　福建新华发行（集团）有限责任公司
印　　刷　福建彩色印刷有限公司
开　　本　889毫米×1194毫米　1/16
印　　张　6
图　　文　96码
版　　次　2013年1月第1版
印　　次　2013年1月第1次印刷
书　　号　ISBN 978-7-5335-4194-1
定　　价　28.00元

厨房篇

目录
CONTENTS

01
厨房风格的选择布置

02
合理设计厨房模式

03
厨房家具和灯饰的选择布置

04 ↘

厨房收纳的布置

05 ↘

装饰品的选择与布置

06 ↘

绿植盆栽的布置

家居布置魔法空间

厨房篇 → 01 厨房风格的选择布置

不能仅仅将厨房看作是烹饪菜肴的工作区，它也是居室空间的重要组成部分，如果同时兼具餐厅功能，更应该进行完美的装饰。在风格选定上，应该根据主人的兴趣爱好和居室空间的整体风格来决定，当然，也要考虑实际情况，争取呈现出最佳的厨房装饰效果。

现代经典风格的厨房

　　现代经典风格的厨房设计既可以通过不锈钢等金属材质或艳丽的色彩搭配来展示其现代都市之美，也可以通过高贵而大气的家具或布置装饰手法来表达主人的经典气质和优雅生活。一般来说，现代经典风格的厨房设计往往具有宽敞的空间面积，能给主人的生活提供很大的便利，让主人尽情享受都市幸福生活。

↑银色的全金属材质灶具不仅具有强烈的现代感，而且方便使用，便于清洁。

1

2

3

1 原木与金属搭配布置厨房

　　厨房以"二"字布置，整齐而美观；灰白色的墙面装饰与银色的金属厨具搭配，让厨房空间显得经典而现代；为了缓和其中的生硬感，主人加入了原木材质来装饰。

2 大块地砖装饰厨房

　　各种厨具直线布置简单而精致，黑灰白三种颜色搭配的厨具透着一种现代经典感，能很好地展现主人成熟、干练的性格特点。大块的深色地砖更有画龙点睛的装饰作用。

3 独特厨具布置厨房空间

　　整个居室采用开放式设计，极具现代个性气质。在厨房空间中，一款不规则形状的独特厨具布置其中，搭配着精巧雅致的装饰品，整个厨房显得个性十足，非常经典。

④ 精致整洁的厨房布置

　　厨房的家具环墙布置，而且家具的色彩与地面装饰完全一致，具有很好的统一性，显得整个空间精致整洁。

⑤ 优雅明亮的厨房装饰

　　超大的落地窗设计可以保证厨房足够明亮，棕色和白色在厨房中的搭配布置，给人很强的优雅感和现代感。

⑥ 经典浪漫的厨房布置

　　靠墙布置的黑色家具与灰白色墙面装饰搭配堪称经典，加上火红色的吊柜布置，厨房空间显得经典而富有浪漫气息。

↓ 如果厨房空间设计有超大的落地窗，在摆放布置家具的时候可以稍微松散一些，以迎进充足的光线营造气氛。

⑦ 深沉的现代厨房布置

厨房的家具布置呈"L"型，简单精致；沉暗色调的家具与浅色的硬装修搭配在一起，在布置独特的灯光效果下，很有现代都市化的空间感。

⑧ 金属质感的厨房布置

厨房的所有家具都选用不锈钢金属材质，采用双向平行布置方便主人活动，在自然光线和天花灯光线的映射下，散发着强烈的现代感和经典气质。

⑨ 白色系的现代雅致厨房

厨房的组合橱柜大气经典，但是在色彩上选择了浅淡的白色系，与空间的主流色调保持一致，不会给人造成局促压抑感。多处的不锈钢材质与灯光效果搭配在一起，营造了很强的现代雅致感。

简约精致风格的厨房

　　简约而精致的家居装饰风格一直深受人们的喜爱，在厨房空间中同样可以得到完美充分的展现。精巧实用的橱柜家具、白色或浅绿色的惬意色彩、简单精妙的布置方式，能够给人们提供最便捷的生活。另外，简约风格的布置方式还尤为适合小面积的厨房，可以在小空间中实现精致之美。

1 开放式的雅致厨房

　　厨房、餐厅和客厅采用开放式并列布置，显得空间宽敞而大气，在风格上也保持了很好的统一性。浅淡色系的厨房装饰加上简单的厨具布置，整个空间显得非常雅致。

2 时尚而精致的厨房设计

　　半开放式厨房设计在空间一隅，厨具环墙布置显得非常简约，从墙面、地面等硬装、厨具的选择布置，到装饰品的点缀、吧台设计，无不彰显着时尚与精致的气息。

3 白色系为主的纯净厨房

　　棕褐色的地板装饰为背景，其余的厨房空间大面积采用白色系进行布置，显得极为整洁纯净，能看出主人追求干净、舒适的生活态度。岛型厨房模式不仅时尚现代，而且布置得非常简约。

④ 组合家具布置简约厨房

同一空间融入厨房和餐厅两个功能区，家具的布置就要求简约精致，一款组合橱柜布置厨房，简单而足够实用。

⑤ 单一色系装饰厨房

厨房空间的简单精致主要体现在色彩的搭配和布置上，家具与墙面使用完全统一的色彩布置，很有一致性和整体感。

⑥ 简约低矮家具装扮厨房

深灰色装饰的厨房空间显得雅致独特，在这样的大环境下，低矮的简约风格家具布置在一侧，显得空间很宽敞。

↓简约风格的厨房布置不仅会体现在家具的选择和布局上，一些装饰品的点缀也会为其增光添彩。

清新素雅风格的厨房

清新素雅的厨房装饰风格是很多人追求和向往的，人们身心忙碌了一天后还要亲自下厨烹饪菜肴，难免会觉得无奈、厌烦，这时，布置成清新素雅风格的厨房或许会让人们眼前一亮，精神倍增。

明亮干净的厨房装饰

厨房的"U"型设计加上吊柜、地柜的搭配布置，使厨房的操作、收纳功能大增，因此厨房非常干净；大面积白色系的使用搭配，向阳窗户的设计，空间显得宽敞明亮。

一抹绿色点缀装饰厨房

厨房以岛型模式布置时尚而经典，靠墙的厨具简单而精致，厨房以白色为主色调配以明亮光线，整个空间素雅明亮。草绿色的背景墙布置和精巧盆栽巧妙点缀着厨房。

巧用色彩布置厨房空间

小面积的厨房以"L"型布置最为合适，各种厨具炊具整齐布置、合理收纳，主人将厨房打理得非常干净。用浅绿色与白色搭配巧妙装饰，把厨房布置得清新而雅观。

✽ 如何定位、设计厨房风格

设计厨房风格应该注意与其他空间的连贯和呼应，也可以采用混搭厨房风格，从机能、色彩、材质、造型、配饰等要素，强调厨房与其他居室空间的差异性互动。

←浅色系的裸墙造型装饰厨房墙面，有时会给人带来一种怀旧的亲近感和放松感。

④ 田园般的厨房布置

草绿色与白色的搭配使用将厨房空间渲染得清新优雅，再加上墙面上的植物图案装饰、盆栽摆放以及原木地板的铺设，整个空间犹如田园般舒适惬意。

⑤ 素雅单色系的厨房装饰

组合橱柜家具紧靠墙布置，空间利用得很充分；主人在布置厨房时，从墙面、地面装饰到家具选择都采用灰白色，用素雅的单色系给人们带来一种放松感。

⑥ 马赛克装饰厨房空间

清新色彩的马赛克作为厨房空间的墙面装饰，给人带来一种灵动的艺术气息；浅色系为主的厨房家具与空间搭配和谐，营造了一种空间扩张感，让人感到很舒适。

时尚前卫风格的厨房

对于现在的年轻人来说，时尚前卫的生活一直是他们所追求的，反映在居室空间的布置上则是采用时尚个性的风格来装饰。在厨房空间中，时尚前卫的布置通常体现在绚丽的色彩搭配，独特的布置手法，或是摆放个性的家具、装饰品等，这些都会让人们的心情随之活跃起来。

⟨1⟩ 时尚设计布置厨房

厨房空间的装饰中处处点缀着时尚、前卫的元素，裸墙造型的厨房背景墙设计、亮色系的色彩搭配以及个性的吧台设计，全部展现着这间厨房的时尚风格。

⟨2⟩ 搁板布置装饰厨房空间

单从厨房空间的一个角落就能看出主人追求一种时尚、个性的都市生活，草绿色的背景墙设计与红色的橱柜搭配起来非常靓丽，墙角的搁板设计更彰显着一种活力。

⟨3⟩ 黄绿色布置开放式厨房

开放式的厨房容纳了餐厅区域，将空间利用得非常完美。棕色与白色搭配组成的橱柜本来展现出一种经典大气之感，而黄绿色的墙面装饰与玻璃制品的布置，又融入了一丝时尚浪漫气息。

{4} 墙面装饰布置厨房

米黄色储藏柜与黑色橱柜的搭配摆放给人一种雅致感，绿色墙面装饰有很强的新鲜感，展现着一种活力。

{5} 蓝色家具装饰厨房

厨房空间中充满了时尚、现代的元素，例如个性的吊灯设计、墙面上的裸墙造型装饰以及摆放的深蓝色组合家具等。

{6} 吧台造型布置厨房

在绚丽色彩与浅淡色系对比强烈的厨房空间中，主人巧妙地将操作台柜设计成吧台造型，立即提升了厨房空间的时尚感。

↓选择亮黄色或红色的橱柜等家具布置厨房，会给空间注入很强的活力感，让人们的生活也随之浪漫。

7 靓色家具布置厨房

厨房的墙面装饰采用靓丽的紫红色，很有活力感；为了与之和谐，主人选择的家具也有大面积的紫红色，整个厨房时尚而前卫。

8 个性家具装饰厨房

厨房的空间造型独具个性，主人在选择家具时，采用了悬空的洗涤柜来布置，很有创意。

9 浪漫家具布置厨房

餐厨处在同一空间，橱柜、餐桌椅和墙面装饰平行分布，家具和装饰品的浪漫红色非常抢眼。

❋ 厨房布置装修注意事项

因为中国饮食以烹调为主，油烟味较大，所以如果居室空间不是很大，那么厨房最好不要设计成开放式，以免室内空气受到污染，不仅会腐蚀电器等家居用品，还会影响家人的健康。

←厨房中的地柜和吊柜两款家具在色彩上采用黑色与红色对比，有很强的时尚艺术感。

古典高贵风格的厨房

　　采用古典高贵的风格来布置装饰厨房往往是主人的特殊要求，一是保证厨房空间的风格与居室的主题风格达到和谐一致，二是主人对于复古怀旧或高贵典雅的家居装饰风格情有独钟，即使是在烹饪菜肴的纯工作区也要完美地展现这种风格，让厨房也成为彰显主人品味、内涵的空间。

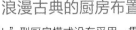

⟨1⟩ 带有欧式风格的厨房布置

　　厨房空间虽然有些拥挤，但是因为布置合理，丝毫不会影响主人的工作。带有欧式风格的厨房家具、灯具与原始沧桑的大理石台面搭配，给厨房增添了很强的古典气息。

⟨2⟩ 棕红色厨具装点厨房

　　厨房采用岛型模式设计，将空间利用得充分而合理，除了厨具台面采用大理石和金属以防潮湿、渗水，其余部分全部采用棕红色板材包装，展现着一种古典大气感。

⟨3⟩ 浪漫古典的厨房布置

　　"L"型厨房模式没有采用一贯的简单样式来布置，而是创新地选用欧式古典厨具来装饰，加上吊灯、雕花玻璃餐桌等元素，给厨房空间增添了浪漫、高贵的气质。

4

5

6

❀ 接近自然的厨房布置

宽敞的厨房设计出超大窗户，加上大面积原木材质的应用，显得非常接近自然；淳朴怀旧的家具靠墙摆放，很有古典气质。

❀ 古典棕褐色布置厨房

棕褐色的古典家具布置在墙边，搭配上安装在吊顶中央的欧式吊灯，整个厨房空间洋溢着异域的典雅气息。

❀ 原木材质布置厨房

厨房家具全部采用暗色调原木材质，配以灯光效果，很有古典高贵气质；与内侧家具平行布置的灶柜还兼具了隔断空间的效果。

❀ 厨房顶面与地面的装修技巧

厨房顶面最好采取全吊顶装修，以便于擦洗，而且应该选用抗老化的材料如铝塑扣板等，以抵抗厨房每天的烟熏火燎；厨房地面最好采用防滑砖布置，以免家人不小心滑倒，而且接缝要小，这样可以减少污垢的积藏，便于打扫清洁。

13

7 高贵典雅的厨房

厨房与餐厅布置在同一空间，优雅的浅色系装扮与欧式家具、灯饰的布置相搭配，尽显高贵感。

8 怀旧风装饰厨房

棕黑色的地面和墙面装饰，搭配上复古的棕红色家具布置，给厨房增添了一种怀旧大气感。

9 古典尊贵的厨房

岛型厨房设计，因为其古典的实木家具、吊顶以及奢华的吊灯、布艺品，而演绎着尊贵浪漫感。

❋ 厨房地面不能忽视的防水层

铺设地面材料前，要做好防水层。防水层高度要在30厘米以上，不能为了省钱、省力而减少工序；还要做"24小时渗水实验"，即在厨房地面灌水，24小时后没有渗漏方算合格。

←古典风格的厨房中各种元素都保持了一致性，例如古朴怀旧的家具、欧式古典吊灯。

温馨浪漫风格的厨房

　　巧妙地通过色彩搭配、家具造型或装饰品点缀将厨房空间设计成温馨浪漫风格，可以让主人在为家人烹制美味菜肴的时候感受到生活的幸福与舒适。一般来说，暖黄色、橙红色、米白色的装饰或原木材质的家具，比较容易给人们带来浪漫惬意感。

❀1 红黄色搭配布置厨房

　　宽敞的厨房空间以浅暖色调为背景，给人的感觉非常柔和舒适，"U"型组合橱柜的外表大量使用红色，显得热情而浪漫，黄色的巧妙点缀则透着一种温馨暖意。

❀2 浪漫气息布置时尚厨房

　　小面积空间厨房布置得精致而时尚，餐厅设计在外缘更加强了其通透性和空间感。红色的厨具彰显着浪漫，吊柜上描绘的绚烂花朵更是画龙点睛的关键。

❀3 水果图案点缀厨房

　　厨房家具采取嵌入墙面式布置，很是节约空间，同时集实用性与装饰性于一体，非常巧妙。暖黄色的厨具外表给人温馨舒适的感觉，而上面的水果图案又增添了一丝浪漫、甜蜜气息，让主人的烹饪成为一种享受。

厨房空间中光线的要求

厨房空间中的光线一定要充足，晚上的灯光也要足够明亮，而且一般来说，灯光的颜色应该是白色的，否则会影响主人对色泽的准确判断，烹饪菜肴时饭菜的火候不易掌握。灯饰安装的位置要避免灯光产生阴影，以免对正常的操作产生不利影响。

←精巧的绿色盆栽还带有几朵娇艳的花朵，将其摆放在厨房中能够很好地装点空间，渲染浪漫自然气息。

4 浪漫暖心的厨房布置

草青色与暖黄色在厨房空间的比例很大，加上大理石台面下的原木家具，在灯光的照耀效果下显得非常温暖，墙面装饰品和台面上的瓶花布置更是给主人最浪漫的爱。

5 米白色的厨房装饰

在花色地砖的映衬下，米白色的“L”型橱柜在厨房中彰显着一种清爽纯洁的浪漫感，优雅的造型不仅美观，而且便于主人操作，非常舒适温馨。

6 温馨家具装扮厨房空间

黄色的厨房家具外观造型是折线型，依据厨房空间的实际情况来布置，独具创意和个性，是主人设计理念的完美展现。家具表面的装饰和瓶花艺术品点缀，让整个厨房空间都散发着温馨感和浪漫气息，让主人的心情更舒适愉悦。

厨房篇 ➔ **02** 合理设计厨房模式

厨房模式设计的合理与否将会直接关系到人们在厨房中操作的方便性与快捷性，也就会关系到生活的舒适度和幸福的满意度。厨房模式的设计和布置一般是根据居室的面积以及厨房空间的整体造型来决定的，当然也会受到主人兴趣爱好和日常习惯的影响。

"一"字型厨房模式

"一"字型的厨房布局模式，是指厨房中所有的工作区、操作区都布置在同一侧墙面，人们所有的工作都在一条直线上完成，这样的厨房模式能有效地节省空间，减少人们在操作中的跑动距离。一般来说，"一"字型的厨房模式比较适合单身贵族或小家庭，也就是空间狭长而独立的厨房。

↑如果担心"一"字型的厨房布置过于单调，可以在台面上或窗台上装饰这样精致的盆栽。

①

②

③

⑴ 时尚经典的厨房布置

在厨房中，主人仅仅布置了一款组合柜，吊柜与地柜的组合模式可以满足洗涤、操作、烹饪等工作需求，非常方便；"一"字型的布置模式也非常时尚、经典。

⑵ 对比手法布置厨房

厨房家具悉数布置在一侧墙面，整个厨房显得整洁、清爽。"一"字型厨房给人的感觉就是精致，而主人又巧妙地进行点缀，地柜和吊柜的材质、色彩形成了鲜明对比。

⑶ 节约空间的厨房布置

开放式的厨房空间如果采用"一"字型模式布置能更大程度地节约空间，给家人余留更多自由活动的面积。这间厨房布置得非常完美，台面和吊柜的原木材质与地板形成呼应，在开放式厨房中有了一种整体感。

❋ 小面积厨房的布置技巧

小面积厨房采用"一"字型模式,由于空间有限,橱柜等家具应贴墙布置以适应空间特点;烹饪用具不能过多,满足实用即可;对于厨房家具的高度要仔细考虑再进行布置。

←厨房的一侧墙面作出凹状造型,橱柜家具、冰箱等"一"字型嵌入布置,非常节约空间。

④ 简洁的厨房布置

主人将灶柜、储藏柜以及吸油烟机等厨房家具和用品以地柜或吊柜的形式全部安置在一侧墙面,方便主人快捷地操作,也使厨房很有整体感,非常简洁。

⑤ 利用窗边空间设计厨房

主人采用"一"字型模式布置厨房家具,将灶柜、操作台柜和洗涤柜等呈直线型安置在窗户旁边,可以空出很大的自由空间,加上足够的光线,厨房显得宽敞明亮。

⑥ 优雅而实用的"一"字型厨房

厨房中的所有家具分成地柜和吊柜两种形式布置在一侧墙面,"一"字型的模式中洗涤柜、灶柜等顺序摆放,符合烹饪的一般顺序,非常实用;米白色的家具搭配亮黑色的大理石台面,整个厨房显得优雅而高贵。

"二"字型厨房模式

　　"二"字型的厨房布置模式指的是在厨房空间中相对平行的两边各放置一排厨具，灶柜区域和洗涤柜区域分别处于相对的两个平台，这样可以保持厨房中过道的畅通，当主人在厨房中工作时不会显得过于局促、拥挤。一般来说，"二"字型厨房模式比较适用于面积狭小、相对独立的空间。

※ 橱柜设计布置的注意事项

①从多个不同的点去测量厨房空间的长宽高（例如地板到吊顶的距离、墙与墙之间的宽度）；②切记要考虑所有突出物的位置，例如水管、水表、煤气表等；③注意厨房中电源插座的位置，加以合理的利用；④仔细考虑橱柜与冰箱等电器的位置，合理布置以方便主人随时打开门、抽屉等。

①　优雅便捷的厨房设计

　　在厨房中，主人将灶柜等烹饪操作区单独布置出来，这样便于两个人在厨房中同时工作。巧妙地把餐桌椅与灶柜连接摆放，岛型厨房即可变成了优雅的"二"字型模式。

②　小空间的厨房布置模式

　　因为居室的空间面积较小，所以在厨房的设计布置过程中必须要考虑到与其他空间的通透性和家人进出的方便性，"二"字型的模式满足了这种要求，而且非常大气。

③　沉稳而独特的厨房布置

　　棕黑色的厨房家具整齐布置在厨房中，展现出一种沉稳、成熟的气质；主人在岛型模式厨房的基础上设计布置了一段台面连接一侧墙面，形成了独具风格、方便实用的"二"字型厨房。

↑带有中式祥瑞图案的蓝色墙面装饰作背景，黄色的厨房家具并列布置，加上独特的吧台设计，显得优雅而实用。

4 主次分明的厨房布置

餐厨共用的空间中布置家居用品要格外注意，要保证实用而美观，主人将大部分厨房家具布置在左侧，打造整体性，在对面摆放了单体储藏柜，便于日常使用。

5 打造纵深感的厨房设计模式

厨房空间是狭长型，因此要注意扬长避短，双向平行的厨具布置模式可以缓解较小宽度带来的局促感，还能打造一种较好的纵深感，扩大厨房的视觉空间感。

6 清雅的"二"字型厨房布置

厨房的空间面积较大，因此可以尽可能多地摆放家居用品，主人采用"二"字型的布置模式，将洗涤区域和操作区域布置在带有窗户的一侧，可以利用天然的光线，而将收纳、整理区域布置在对面一侧，中间面积余留得恰到好处。

"L"型厨房模式

　　在所有的厨房布置模式中，"L"型模式应该是最为常见的一种，因为其适应性很强，既可以在小面积的厨房中巧妙设计，也可以在宽敞空间中展现高贵。"L"型厨房布置模式的最大特色就是将各种厨具根据烹饪的顺序依次置于"L"型的两条轴线上，既充分利用了厨房拐角处的空间，同时又加强了空间的结构感和美观性。

❶ 古典高贵的厨房布置

　　厨房采取"L"型模式来布置，腾出了更大的中部空间摆放餐桌椅成为餐厅区域。棕黑色的木质家具造型古典，搭配上欧式复古吊灯，展现着一种高贵气质。

❷ 优雅唯美的厨房设计

　　"L"型模式布置的厨房有一个很大的优点，可以尽可能地将炊具、餐具等物品收纳归置到多个抽屉中，不会显得杂乱。再加上米黄色的主流色调装饰，显得非常唯美。

❸ 时尚浪漫的厨房装饰

　　厨房家具贴墙布置形成"L"型模式，宽敞的空间面积搭配整扇墙面的窗户设计，显得明亮而舒适。亮红色在家具上的交错出现，加上布艺窗帘的装扮，把厨房打造成了一个时尚空间。

4

 整齐精致的厨房布置

　　主人选择"L"型的一体式橱柜家具，以墙角为中心点整齐布置，将操作区域和储藏区域分别安置在两侧，使用起来不会互相影响。

 优雅温馨的厨房设计

　　原木色与白色相互搭配的家具布置出"L"型的厨房模式，灶柜与吸油烟机独占一侧，以免油烟污渍影响到其他厨具，设计得非常巧妙。

餐厨共处的空间布局

　　厨房设计成常见的"L"型，在此却颇具优势，可以将厨房与餐厅融合为整体，以免显得零散；洗涤区域单独安置，可以保证干净整洁。

❋ **"L"型厨房模式厨具布置细节**

在"L"型的厨房布置模式中，为了避免水火靠得过近，造成操作上的不方便，可以将冰箱等电器与洗涤区域并排安置在一条线上，然后将灶具布置在另一轴线上；如果想让烹饪变得更加便捷，可以在"L"型的拐角处安装一个吊柜用以收纳。

5

6

❀7 古典高贵的开放式厨房

开放式厨房融合了餐厅区，各种家具都彰显着古典高贵感。"L"型家具靠墙布置，将洗涤区域安置在窗边，让生活更加健康。

❀8 具有强烈现代感的厨房布置

厨房家具的造型风格极具现代感，有序的"L"型布置会让烹饪变得方便快捷，完美地展现了现代都市生活的快节奏特点。

❀9 完美结构布置厨房

原木材质的厨房家具呈"L"型布置在两侧，与墙面装饰浑然成为一体，中间面积摆放餐桌椅，将厨房结构布置得相当完美。

❀ 安装厨房吊柜的注意事项

安装厨房吊柜时要注意避免碰头，如果单独安装吊柜，那么柜底距离地面的高度不能低于人的身高；吊柜的门不应该超出操作台柜的前沿，以尽量消除碰头的危险。

"U"型厨房模式

  人们习惯将"U"型的厨房布置模式称为"L"型厨房模式的延伸，一般是在其中的一条轴线上再增加一个台面，以便分散布置常用的厨具，或者收纳摆放更多的厨房家居用品。如果"U"型厨房模式设计布置得合理，则能在厨房空间中形成一个完美的操作区域，极具美观性和实用性。

{1} 简约整洁的"U"型厨房

  居室中有一块独立空间可以专门设计成厨房，"U"型的布置模式最为合适，能最大限度地将空间利用起来，将厨房布置得简约而整洁。

{2} 雅致而经典的厨房设计

  半开放式的"U"型厨房模式也可以看作是半岛型的布置方式，以洗涤柜设计为隔断，美观而实用。深浅色搭配，加上灯饰的巧妙布置，厨房显得雅致而经典。

{3} 巧妙设计布置厨房

  主人在布置厨房空间的时候颇费心思，带有窗户的一侧和最外面一侧没有布置吊柜，以免给人造成压抑感；宽敞的台面设计和独特造型的红酒架非常实用，能整理、收纳很多物品。

④

④ 整洁的厨房布置

　　厨房拥有独立空间，采用"U"型模式布置后中间面积足够宽敞，方便主人工作，外侧还可以当作吧台使用，非常时尚。

⑤ 一体式"U"型厨房

　　"U"型布置的厨房中，各种家具的台面装饰与墙面一致，塑造了一体式的整体感。独特设计的窗户拉近了厨房与自然的距离。

⑥ 淳朴温馨的厨房装饰

　　木质家具布置厨房显得非常淳朴温馨，主人特意将洗涤区域设计在"U"型模式的外侧，与烹饪区域分开，让操作变得更快捷。

↑用冰箱或单体储藏柜延伸"L"型厨房布置，就能实现"U"型厨房模式。

5

6

岛型厨房模式

　　岛型厨房模式是近年来比较流行的一种厨房设计方式，一般多是"L"型厨房或"U"型厨房的变体。岛型厨房布置模式是现代开放式厨房设计的典型样式之一，使厨房很有亲和力，一家人以餐饮区作为餐前、餐后的活动中心区，使烹饪者每天不再感觉到孤独，同时也会减轻烹饪过程中的枯燥感。

时尚的岛型厨房布置

　　现在人们将厨房设计布置成岛型模式，很大原因就是追求时尚、开放式的元素。如果内部的"L"型橱柜选择亮红色，中间的厨房家具使用白色，会显得更加前卫。

多功能的厨房布置

　　厨房以岛型模式来布置，余留了宽敞的自由活动空间，很有人文理念。厨房家具优雅而精致，还带有欧式风格。中间部分既可以当作洗涤柜，同时也是时尚的吧台设计。

经典的厨房布置模式

　　厨房中的灶柜、操作柜等家具靠墙布置在内部，最能节约居室的空间面积；在空余面积的正中间，主人布置了圆形的厨房家具，形成了经典的开放式岛型厨房。

※ 厨房灶具的布置方式

在厨房空间中布置灶具要注意，应该尽量避免紧靠风道和通道布置，还要避免将灶具直接设计在窗户下方，同时应该与冰箱保持一定距离，与洗涤区域的水池也要有一定的距离，以便于放置其他厨具。

↓岛型模式是开放式厨房的最佳选择，可以巧妙地与其他空间形成连接贯通，还能通过布置在中间的家具实现朦胧的隔断。

④ 纯净浪漫的厨房设计

深色地板与浅色墙面的装饰作背景，主人选择布置的厨房家具以红色和白色为主，既纯净清爽又浪漫温馨。橱柜等大部分家具以"L"型靠墙布置，并在中间安置了圆形的操作台柜，不仅让烹饪工作变得方便顺手，而且给开放式厨房增添了装饰性，厨房家具的棱边作圆角处理，展现了一种细致关怀。

⑤ 原木色彩装饰厨房空间

厨房家具的主体采用原木材质，原木色彩与厨房空间的硬装修和谐一致，很有整体感。主人在将储藏柜、灶柜、操作台柜等家具布置成"L"型之后，在中心面积安置了洗涤柜，并将餐厅设计布置在此，不仅具有了岛型厨房特有的美观性和开放性，也在很大程度上满足了使用的方便性。

⑥ 设计吧台的岛型厨房

面积较大的厨房空间设计成欧式异域风格，还带有古典怀旧的韵味。主人将洗涤柜布置在厨房空间的中央位置，形成典型的岛型模式厨房。更富有创意的是，洗涤柜融合了经典的吧台设计，给厨房增添了时尚感。

半岛型厨房模式

随着家装设计理念的更新发展，厨房日益成为人们重新回归生活、享受生活的所在地。半岛型厨房模式是将厨房的家具等设施沿空间的墙面布置，并有一部分设施向中间延伸。这种布置模式的厨房一般是开放式空间同时兼具餐厅区域，不仅节约了空间面积，更会给人一种休闲感，情致盎然。

⟨1⟩ 精致厨房的时尚设计

主人采用半岛型模式布置厨房，同时进行了时尚创新设计，在最外侧布置了圆形吧台造型。黑白色在空间中的交错搭配使用，加上现代家具的布置，整个厨房非常精致。

⟨2⟩ 简单厨房的隔断布置

厨房拥有很大的独立面积，主人在布置家具时也采取分散形式，人们置身其中会感觉非常放松。半岛型厨房外侧的低矮设计有半隔断、半通透的效果，方便家人的交流。

⟨3⟩ 半岛型厨房的美化装饰

厨房使用半岛型模式来布置，这样不会让烹饪工作的人感觉孤单和无聊。经典的黑白色搭配，厨房背景墙设计，加上花篮装饰品，共同美化了厨房空间。

④

④ 巧用空间布置厨房

小户型的厨房中，洗涤柜和灶柜集中布置在一起，方便使用；主人将餐桌椅作为厨房家具的延伸摆放在空闲处，非常巧妙。

⑤ 洗涤柜设计布置厨房

独立的厨房空间中，在"L"型布置的橱柜家具的对面，主人从墙面延伸设计并安置洗涤柜，成为明显的半岛型厨房模式。

⑥ 对称的半岛型厨房设计

储藏柜与操作台柜相连，洗涤柜和吧台设计相连，对称分布在厨房空间中，将烹饪流程分列开来，主人工作起来非常方便。

5

↑从组合橱柜的对侧墙面上延伸出的洗涤柜同时具有餐桌、吧台多种功能。

6

综合布局厨房模式

由于每一间居室的建筑条件有所不同，厨房空间的平面布局不可能完全都按照前面所述的标准模式来布置，如果遇到一些特殊情况或受到实际条件的限制，就要充分发挥独特个性的设计理念，根据场地实际情况，合理而巧妙地利用空间，综合所有因素来布局，设计出最佳的厨房模式。

⑴ 方便生活的厨房布置

除了靠墙布置的厨房家具以外，主人在厨房中间又从墙面延伸设计了柜体，虽然没有固定的模式来遵循，但是极大地方便了主人的烹饪工作，便利了日常的生活。

⑵ 绕墙布置家具的厨房

居室空间的整体造型有很多种，布置厨房的时候要做到适应大的环境。圆形状的墙面趋势决定了布置厨房家具时要"顺势而为"，方便实用而不失美观性。

⑶ 呼应吊顶的高雅厨房

仅从厨房面积就可以看出居室空间之大以及主人生活之舒适。在高雅的厨房空间中，"L"型布置的家具也尽显雅致气息；为了呼应吊顶设计，主人在厨房外缘布置了弧形吧台，时尚浪漫感十足。

4 沿墙布置厨房家具

居室中没有一个非常独立的厨房空间，因此主人将灶柜、洗涤柜以及储藏柜等家具沿墙布置，有种"顺其自然"的舒适感。

5 厨房布置巧作隔断

小户型居室中空间划分不是很明确，在橱柜家具一旁，洗涤柜和吧台式餐桌设计既能满足厨房使用，同时又有空间隔断效果。

6 半封闭式的厨房布置

原本开放式的厨房因为半人高的吧台斜边设计而成为半封闭式厨房，怀旧风格的家具布置和时尚的造型设计实现了完美融合。

❉ 厨房模式的布置原则

现代居室的厨房中，洗涤区的水池和操作区的灶具这两个主要的厨房设施，一般是由居室建筑的本体而定位，会在很大程度上决定厨房的平面布局。这时，就要合理利用这两个工作区来布置该中心周围的橱柜、台板、电器等附属设施，以达到最佳的布置效果。

家居布置魔法空间

厨房篇 → **03** 厨房家具和灯饰的
选择布置

厨房中家具选择与摆放是否合理将会直接影响到厨房
的风格、模式以及主人烹饪菜肴的方便性；而灯饰在
厨房的布置也要讲究实用性与装饰性的完美统一。

根据厨房主题选择家具

　　现在人们越来越懂得享受生活的乐趣与幸福，因此不能单纯地将厨房看作是烹饪菜肴的简单空间，厨房的装饰布置也应该具有一定的美观性，应该与居室空间的整体风格保持一致。因此厨房中家具的选择就不能随意，应该考虑厨房空间乃至整个居室空间的主题风格，将厨房装饰得美观大方，提升主人的品味。

年轻时尚的厨房设计

　　厨房硬装修采用浅淡色调进行装饰，加上"一"字型的布置模式，显得非常简约便捷。亮绿色与棕绿色搭配而成的组合橱柜家具布置在厨房中就会非常合适。

经典而大气的厨房布置

　　整个居室空间中大面积地采用棕褐色进行装饰，给人营造了一种经典、成熟的感觉。

优雅而经典的厨房空间

　　厨房空间不是很大，但是主人将其利用得非常合理。乳白色的厨房家具给人一种优雅、浪漫的感觉，原始而粗犷的大理石台面象征着经典与大气。从厨房的布置中能看出主人在舒适生活中不忘追求细致情调。

❋ 厨房家具的色彩选择

厨房家具的色彩要能够表现出干净、刺激食欲和能够使人愉悦等特征。一般来说，能够表现出干净的色彩有白、乳白、淡黄等；能够刺激食欲的色彩有橙红、橙黄、棕褐等；而能够使人愉悦的色彩就相对复杂了，因为不同的人对色彩的喜好有很大的差异。

↓竹木菜板经过高温、高压处理，具有不开裂、不变形、耐磨、坚硬等诸多优点。

④ 优雅柔和的厨房布置

　　厨房采用浅色系来装饰，独特个性的裸墙造型装饰墙面，搭配原木色的地板铺设，厨房给人的感觉优雅柔和，容易亲近。为了呼应整体风格，主人选择了米白色的厨房家具来布置空间，与后面的背景墙相互融合，具有很好的整体性，和谐而美观。

⑤ 经典大气的厨房装饰

　　厨房空间的占地面积很大，所以在装饰布置上可以采用现代经典的手法。一体式的橱柜呈"U"型环绕空间摆放，沉暗色调与金属、实木材质的搭配彰显着豪迈的气质和高贵的品味，与厨房的整体风格非常搭配，倍显空间的经典韵味。

⑥ 简约现代风格的厨房

　　厨房与餐厅采用开放式设计，给人很好的空间延伸感，处处透露着一种现代简约气息，展现着主人年轻时尚的活力。独立布置在中间位置的洗涤柜和操作台柜外形简单精致，与餐厨空间的风格保持了完美一致性。

连壁家具的布置

连壁家具是家具结构类型中的一种，在厨房空间中非常常见，也是一种组合形式的家具，一般是将洗涤柜、操作台柜、储藏柜、灶柜以及抽油烟机柜等家具整合在一起，部分摆放在地面上，部分安装在墙面上。连壁家具在厨房中的合理布置可以有效节约空间面积，方便主人使用，还有助于打造一种空间整体感和结构感。

1 对称布置家具装饰厨房

厨房空间的布置简单而舒缓，不会让人觉得压抑、紧张。连壁式的吊柜和地柜功能互补，对称布置，使厨房显得非常精美。绿色的大量运用还带来了清新自然的气息。

2 巧用空间布置厨房

无论居室有多大的面积，能将其中的每一寸空间都充分利用永远是最好的。在厨房中，主人根据居室空间的布局和墙体的走势布置厨房家具，显得非常美观。

3 利用角落空间布置厨房

厨房设计布置成"L"型模式，就要合理利用角落空间。连壁家具的优点之一就是可以利用拐角空间巧妙布置，不仅方便主人进行烹饪操作，同时还美化了厨房空间。

※ 选购厨房家具注意事项

厨房家具尤其是组合橱柜的选择要注意：① 台面一定要耐磨、防划痕、防潮、防腐蚀性能强；② 家具的五金件一定要选择原装产品，例如抽屉滑轨的使用频率很高，不仅要有高承重性，还要有自动排污清洁等功能。

←现代厨房必不可少的元素之一就是抽油烟机，不锈钢的金属材质赋予了其很强的经典气质。

4 精致便捷的厨房布置

开放式的厨房在空间一角，各种家具分成两个区域布置，在洗涤柜、灶柜等家具的上方，主人安装了连壁式的储藏柜，既节约了空间面积，也方便主人使用。

5 古朴的厨房设计

厨房家具沿墙面呈"L"型布置，空间利用得非常完美。墙角上方安装的原木储藏柜与下方家具保持一致风格，方便了餐具的收纳和日常的拿取使用。

6 现代精美的厨房装饰

主人选择的厨房家具既在造型上美观大方，又有很强的实用性，家具的连壁式设计和安装与厨房空间的墙体造型完全吻合，抽油烟机柜和储藏柜的布置给厨房带来了很好的统一性，完美地装饰了空间。

7 个性时尚的厨房布置

操作台柜的装饰与吊灯设计显得厨房非常时尚，橱柜上方设计的连壁储藏柜家具方便了主人使用，同时与厨房风格保持一致。

8 典雅现代的厨房设计

开放式的空间中，厨房与餐厅布置在一起，显得生活更为亲近舒适，连壁家具安装在一侧墙面，极大地方便了主人使用。

9 质朴实用的厨房布置

厨房的面积较小，因此主人更加追求实用性，安装在上方墙面的储藏柜等连壁家具将厨房空间的利用发挥到了极致。

❋ 厨房家具正确使用

在使用厨房家具的时候要注意，不能将高温的炊具或其他高温物品直接放在家具上，应该巧妙使用脚架、隔热垫等，以免家具表面出现变色或起泡的现象。

←吊灯设计非常巧妙，不仅外形美观，而且灯罩的镂空造型能很好地防油、防污，还不会影响光线的发散。

←古典的欧式壁灯彰显着一种高贵和典雅的气质，布置在厨房空间中会提升主人的生活品位和内涵修为。

⑩ 时尚家具装扮厨房

组合式橱柜家具靠墙布置，经典的外部造型和橙红色彩与厨房空间的整体风格保持一致，上方的连壁储藏柜、抽油烟机柜等家具与下半部分相互对称，非常实用。

⑪ 复古家具布置厨房空间

在沉稳大气风格的空间中，厨房家具带有很强的怀旧复古气息，连壁式的组合橱柜上下完全对称，在厨房中既美观大方又实用便捷，是家装的最好选择。

⑫ 简单家具布置厨房

厨房和餐厅相距很近，因此厨房家具的选择应该尽量简单，精致的橱柜占地面积很小，配以安装在墙面上的连壁式储藏柜等家具，虽然简单，但是依然能够满足正常使用。

❋ 连壁家具的妙用

例如吊柜等连壁家具在厨房中的使用要多加注意，家具上方或内部应该尽量放置一些质轻的物品，例如调味罐、玻璃杯等，以免人为地缩短家具的使用期限。

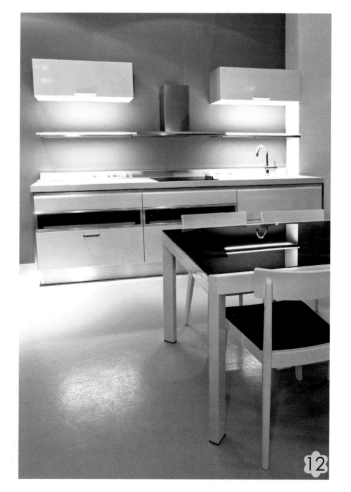

低矮家具的摆放

现在厨房家具可供选择的种类有许多。很多人都愿意在自己的厨房中摆放布置低矮的家具，这样可以创造更好的空间感，避免厨房空间带来的拥挤感和压抑感，能让人们更舒适地烹饪菜肴，享受浪漫的生活。

❀1 单体家具布置厨房

因为厨房采取开放式模式来布置，因此要顾虑其他空间的装饰，不能因为厨房装饰造成压抑感。主人采用这样一款低矮的单体家具来布置厨房，是很好的选择。

❀2 原木家具装饰厨房

厨房空间的背景墙采用带有天然纹理的原木材质来装饰，因此主人特意搭配了同样外形的低矮家具，厨房保持了很好的统一性，同时低矮家具又不会给人带来压力。

❀3 "U"型家具布置厨房

因为厨房的空间面积很大，所以采取"U"型布置，中间的面积也足够宽敞，低矮的灶柜等厨房家具与吧台几乎保持平行，更加方便了主人的操作。

❋ 橱柜台面安装注意事项

橱柜台面的安装是关键所在，因此要注意：① 应该在地柜和吊柜安装完毕后再安装台面，这样可以提高橱柜安装的准确度；② 台面粘接时要使用专业的胶水，为了保证台面接缝的美观性，安装时应该使用打磨机进行打磨、抛光处理等。

↓ 不锈钢材质或玻璃材质的电水壶健康安全，是厨房中的首选电器之一。

4 "L"型家具布置厨房

宽敞的厨房空间因为在色彩装饰上选用浅淡色系而显得更为明亮，一款深红色的组合橱柜家具在厨房中非常惹眼，毫无疑问是空间的主角。"L"型的橱柜家具布置在厨房一角，余留了更广的中部空间方便主人活动；而且家具的低矮造型不会给人带来压抑感，更显轻松与舒适。

5 棕白色橱柜布置厨房

在厨房与餐厅共处的空间中，棕白色的橱柜家具沿墙面摆放，给餐桌椅形成半包围样式，加上低矮的厨房家具与餐桌椅在高度上大概一致，显得整个空间和谐统一，具有很好的高度感和轻松感。棕白色的橱柜家具与厨房门和地面在色彩上相互呼应，厨房显得经典而雅致。

6 橙红色橱柜装饰厨房

灰色墙面作为厨房的家具背景墙，配以橙红色的橱柜布置，显得整个空间浪漫而经典，非常高贵。集洗涤柜、灶柜与储藏柜于一体的组合橱柜高度较低，正好适合一般人的烹饪操作，非常方便、实用。

7

7 黑色经典家具布置厨房

低矮的黑色经典家具呈"凸"状摆放在厨房中，与墙面上安装的搁板和抽油烟机形成呼应，具有很好的整体感，非常美观。

8 原木金属家具布置厨房

马赛克装饰墙面，加上原木与金属搭配而成的组合橱柜，厨房空间充满了现代感。低矮的橱柜家具在储藏柜部分略微高出，可以增强其收纳能力。

9 精巧家具装饰布置厨房

精巧的洗涤柜、操作台柜等连成一体摆放在厨房中方便主人使用，与靠墙布置的储藏柜相对应，将空间装饰得简约雅致，颇具现代风格。

❈ 布置厨房家具要注意安全

厨房是用电、气频率最高的空间之一，通常，组合橱柜中安装嵌入式电器只需现场开电源孔，装配抽油烟机和灶具时要分别注意抽油烟的效果和气源是否漏气。

←微波炉是人们适应现代都市快节奏生活的最佳帮手。

8

9

根据厨房主题选择灯饰

灯饰在厨房中的设计和布置具有双重作用，一是实现其照明的实用性，方便主人烹制美味的佳肴；二是装扮较为单调乏味的厨房空间，让居室中的每一处都变得温馨舒适。但是应该注意，选择、布置厨房灯饰要根据主题风格来搭配。

❊ **厨房灯光的布置技巧**

厨房空间中的灯光布置一般需要分成两个层次：一是对整个厨房空间的整体照明，另一个是对洗涤、准备、操作等的局部照明。一般来讲，后者是在吊柜下部布置局部灯光，设置方便的开关装置。另外，如今性能良好的抽油烟机一般也配有局部的照明灯光。

❀ **① 优雅简约灯饰布置厨房**

整个居室几乎全部采用黑白灰三种色系来装饰，厨房也不例外，显得时尚而经典。为了与整体的风格呼应，也为了提供好的照明，主人在厨房中布置了简约优雅的灯饰。

❀ **② 古典怀旧吊灯装饰厨房**

厨房空间布置得古典怀旧，同时还带有淡淡的欧式风情。能与这种风格搭配的，只有这款欧式的古典铁艺吊灯。如果觉得其照明不够，可以再安装筒灯或射灯来补充。

❀ **③ 个性灯饰布置厨房**

厨房空间的开放式设计、带有乡村风格的裸墙造型装饰以及简约风格的厨房家具等，共同营造了一间时尚而现代的厨房空间，所以主人选择并布置了个性的吊灯。

4

5

❋ 如何选择厨房灯饰

厨房在每一个家庭的生活内容中都占有很重要的地位，因此其灯饰的选择和布置不能随意。一般来讲，厨房空间中使用的灯饰应该遵循"实用、长寿"等特点；厨房的灯饰没有必要装饰得过于豪华奢侈，尤其是在颜色方面不能过于绚丽；但是灯饰的亮度一定要够，如果光线昏暗可能会影响人们的心情，连带着饭菜的质量也会受到影响。

↓圆形的吸顶灯外缘以水晶珠进行装饰，在优雅温馨的基础之上增添了华丽与高贵的气质；暖黄色的灯罩设计可以让光线变得舒适，适合布置在任何一间居室空间中。

❀4 华丽优雅的厨房

开放式的厨房融合餐厅在同一空间，优雅的白色系与厨房家具的外表装饰将空间布置得华丽而浪漫。为了与之相符，主人特意选择、安装了高贵奢华的水晶流苏吊灯，提升餐厨空间的品味。

❀5 精致简约的厨房

厨房与餐厅布置的距离很近，更方便了家人的生活。从各式家具的选择摆放，到装饰画的点缀，都透露着一种精致简单，吊顶中央一盏个性十足的时尚吊灯与主题风格非常搭配。

❀6 经典时尚的厨房

厨房的布置因为一侧的吧台设计而倍显时尚青春。裸墙设计和白色系的家具布置都是时尚元素的代表。在灯饰选择上，几盏简约的个性吊灯完美搭配。

6

灯饰的合理布置

灯饰在厨房空间中的布置要经过仔细的衡量与考虑，无论是吊灯的安装，还是天花灯、壁灯的布置，都要将其照明的作用发挥到最佳，同时还不能影响主人正常的烹饪操作；如果对厨房装饰的要求更高一些，还要通过灯饰的合理布置达到装扮空间的效果。

① 灯饰搭配玻璃布置厨房

厨房空间不是很大，厨具布置得也就相对比较集中，因此灯饰布置较为简单。主人在安装吊灯的过程中，巧用玻璃作安装架，可以利用其反光原理获得更好的照明。

② 追求实用的厨房灯饰布置

灯光的照明效果对于主人在烹饪过程中火候的掌握十分重要，因此在厨房中一般都会给灶具上方安置局部照明灯饰，这样的设计也许没有太多的装饰性，但是非常实用。

③ 互补搭配的厨房灯饰设计

厨房与餐厅共处同一空间，厨具贴墙布置成"L"型，餐桌椅占用中间面积，紧凑而不拥挤。考虑到这样的布局模式，主人在布置灯饰时利用吊灯的整体照明与吊柜下部的局部照明进行了互补搭配。

④ 圆环吊灯装饰厨房空间

厨房的橱柜等家具集中布置在一个角落，因此需要的照明比较集中，再加上吊顶设计成圆形凹状，所以主人在安装吊灯时选择了圆环造型，合适而倍显优雅。

⑤ 吊灯并列安装布置厨房

开放式的厨房与餐厅空间面积和高度都比较大，同时橱柜、餐桌等家具布置得较为分散，为了满足充足的照明，并列布置了两盏时尚吊灯装扮空间。

⑥ 低矮灯饰布置厨房

为了满足厨房家具"U"型布置的完美照明，主人根据家具台面的高低错落安装了合适的吊灯和壁灯，极大地方便了主人的生活，也给厨房增添了时尚现代感。

⑦ 多盏射灯布置厨房

厨房设计成开放式，在布置灯饰的时候要注意聚拢光线，以免出现不必要的浪费。为此主人选用了多盏射灯，可以随意调整方向，同时与现代时尚的厨房风格非常搭配。

几种灯饰的搭配效果

有些时候，在厨房空间中会布置两种以上的灯饰，或吊灯与壁灯搭配，或天花灯与射灯搭配，有时是为了满足各个局部区域的照明，有时是为了带来更好的装饰效果。要提醒大家的是，搭配布置几种灯饰要注意灯饰位置、灯饰风格的相互和谐，这样才能得到最佳的实用性和装饰性。

厨房灯饰的风格搭配

岛型布置模式的厨房空间集时尚前卫风格与经典雅致风格于一处，主人在灯饰的布置上也充分体现出来，个性吊灯安装在吧台正上方，而筒灯环绕吊顶布置提供照明。

厨房灯饰的照明效果搭配

厨房空间呈狭长形状，因此"二"字型的布置模式比较合适，这样对照明灯光的要求就比较高，平行排列的天花灯能够满足这种要求，当然灶柜等局部还要布置灯饰。

厨房灯饰的美观与实用

厨房采取"一"字型的模式来布置，加上厨具的选择极具现代感，整体空间给人的感觉非常经典。在灯饰布置上也丝毫没有逊色，时尚精致的天花灯与浪漫雅致的艺术灯饰搭配，给厨房增添了优雅的气质。

{4} 时尚浪漫的厨房

　　宽敞的厨房中家具靠墙布置，很有简约风格；天花灯、壁灯的搭配布置，满足了各个区域的照明。

{5} 雅致的厨房布置

　　小面积的厨房还兼具餐厅功能，灯光效果应该明亮一些，天花灯和射灯的搭配完全足够。

{6} 经典高贵的厨房

　　经典大气的厨房中，操作区和活动区分别布置装饰天花灯、壁灯与吊灯，实用而美观。

❋ 适合厨房空间的灯具

从光照的角度划分，常用的有日光灯、镁光灯、白炽灯、节能灯、霓虹灯等，它们的颜色和亮度各异，适用性也就有所不同。一般来说，比较适合厨房或卫浴空间的灯具是节能灯。

←古典的欧式吊灯巧妙地融合了中式元素，是装饰居室空间的完美灯具。

厨房篇 →04

厨房收纳的布置

厨房是为家人烹制美味佳肴的居室空间，整洁干净的环境至关重要，它不仅会影响主人工作时的心情，更关键的是直接关系着家人的健康，而基础工作就在于厨房空间的收纳。良好的收纳设计可以给人们营造清洁、舒适的环境氛围，让人们更加享受自己的生活。

悬挂式收纳设计

厨房空间中的悬挂式收纳设计很简单，指的是在墙面上或者家具上安置挂钩、挂架等设施，用以收纳整理一些轻巧的厨房家居用品，这样可以在很大程度上满足厨房空间中小件物品的合理收纳。虽然设计起来简单方便，但是在布置的时候要注意合理利用空间，除了不要妨碍人们正常的工作以外，还要注意布置收纳的美观性。

→将日常烹饪用的勺铲、刀具等厨房用具集中收纳在一起，既避免凌乱摆放，使用起来又会非常方便。

1

2

❀1 美观的悬挂式收纳布置

当厨房与餐厅共用同一个空间的时候，更要注意厨房的整洁，以免影响家人用餐的心情。这间厨房的整洁清爽取决于吊柜与地柜的强大收纳能力，同时，吊柜下方的悬挂式收纳布置也不能忽视，不仅具有实用性，而且非常美观。

❀2 分类收纳的挂架设计

厨房空间中背景墙采取带有图案的草绿色装饰，厨房家具使用棕黄色的原木材质，整体看来非常和谐，因此在设计收纳时，不能破坏这种氛围。为此，主人在抽油烟机柜的下方布置了分类收纳的挂架，实用而美观。

3

4

3 吊顶上的悬挂收纳

在洗涤柜台面上方的吊顶上设计悬挂式收纳，方形挂架搭配多个挂钩可以收纳很多厨房用具，还方便用具的晾干。

4 墙面上设计悬挂收纳

主人在灶具附近的墙面上安置了简易挂架，将烹饪用具、勺铲等有序悬挂收纳，这样主人在烹饪菜肴时方便拿取。

5 墙面简易收纳布置

主人在厨房的两侧墙面上分别设计了收纳架和挂架，可以将常用的厨房家居用品悉数整理起来，美观大方而实用性强。

6 隐藏式的墙面悬挂收纳

在吊柜和抽油烟机的下方墙面上安置挂架，然后将勺铲等厨房家居用品悬挂摆放，便于经常使用。

5

6

❋ **厨房收纳的注意点**

厨房是一个"装满"杂物的烹饪空间，无论是烹饪用具、调理用具，还是佐料、食品等，在设计布置收纳的时候都应该考虑到其实用性和安全性，因为厨房收纳的目的就是收藏、储存、保管、消毒。

←不锈钢材质的金属收纳架设计出多个收纳造型，能满足不同用品的收纳，很适合厨房使用。

 **厨房收纳架的多用途妙用**

在地柜与吊柜之间的墙面上，安置了不锈钢金属收纳架，横向层叠设计可以摆放调味盒，金属杆上可以搭配挂钩悬挂烹饪用具，用途很广。

⑧ **抽油烟机附近的充分收纳**

主人在抽油烟机的上下方分别布置了铁丝架和挂架，将烹饪用具锅、壶以及勺铲、刀具等收纳于此，因为集中所以没有凌乱感，但是要注意避免沾染上油渍等赃物。

⑨ **整齐便捷的悬挂收纳**

在雅致整洁的厨房空间中，主人设计的收纳方式非常丰富，除了橱柜等家具以及搁架的充分收纳，还在灶具旁的墙面上安置金属挂架收纳烹饪用具，整齐而便捷。

⑩ 温馨厨房的巧妙收纳

　　厨房中米黄色的墙面装饰和家具搭配上暖色灯光，显得温馨舒适；墙面上安置的悬挂收纳架设计巧妙，有多种用途。

⑪ 经典厨房的精致收纳

　　黑、白、红三种颜色在厨房中的搭配使空间带有经典的现代时尚感，不锈钢金属的挂架可以分类收纳烹饪用具，非常精致。

⑫ 淳朴厨房的悬挂收纳

　　原木材质的厨房家具搭配上文化石背景墙装饰，整个厨房空间显得非常淳朴；安装在吊柜上的悬挂收纳架非常稳固安全。

↑既可以悬挂又可以摆放的不锈钢材质筷子架，是现代厨房完美收纳的家居用品之一。

橱柜等家具的收纳布置

　　厨房空间要收纳摆放的家居用品和杂物非常多，包括各种烹饪用具以及餐具、食品、佐料等，因此对于收纳能力的要求非常高。在任何一间厨房中，橱柜、储藏柜等家具的收纳能力毫无疑问都是最强的，而且它们的收纳、整理具有很好的隐蔽性，还不会影响厨房空间的美观性。

① 推拉式抽屉的收纳

　　厨房中最方便快捷的收纳方式无疑就是推拉式的抽屉，它不仅开关起来灵活，而且能很好地防尘、防污。如果设计有多个抽屉，更能帮助主人实现很好的分类收纳。

② 橱柜的多功能收纳布置

　　组合橱柜上设计出大小不一的多个抽屉空间，可以实现大小餐具的分类整理与收纳；同时还可以在橱柜一侧安置挂钩收纳一些常用挂件，实现其多种功能。

③ 多种方式的收纳设计

　　组合橱柜家具除了具有洗涤、准备、烹饪等作用以外，其收纳能力是否强大是人们选购与否的标准之一。这款橱柜的收纳空间设有多种方式，能分类储藏各种餐具，非常合适。

灶柜和抽油烟机柜的收纳

橙黄色的墙面装饰搭配灯光将厨房映衬得温馨浪漫，抽油烟机的两侧与灶柜家具的多抽屉设计可以满足不同物品的分类收纳。

吊柜的隔断收纳布置

除了地柜家具上设计的收纳以外，主人在抽油烟机的两侧安装了吊柜，并设计出多个隔断空间，充分收纳的同时方便使用。

橱柜的收纳设计

主人在布置厨房时选择的橱柜不仅带有多个抽屉能满足分类收纳，而且每一个抽屉中的多隔断设计可以让收纳更整洁、更安全。

❋ 厨房收纳要考虑日常的使用

在规划、设计、布置厨房的收纳空间时，应该先考虑到要收纳物品的使用频率，尽量将日常生活中经常使用的物品放置在显眼易见、拿取顺手的地方。

←可以自由组装、拆分的调味盒能放置常用的三种调料，使用起来很方便，摆放在厨房中也很美观。

✳ 玻璃器皿的收纳摆放

在厨房中会有很多的玻璃器皿，出于安全和方便的双重考虑，应该将其收纳、摆放在透明的橱柜或收纳架上。盘子最好直立地放在收纳架上，应该依大小安放妥当。

↓原木材质的收纳架具有无毒无味、环保健康等多种优点，双层造型设计可以分类收纳、摆放多种物品，非常适合厨房或餐厅空间使用。

⑺ 开放式储藏柜的收纳

如果居室中厨房的空间面积较大，可以在某一个角落布置一款这样的开放式储藏柜，其多隔断、多空间的造型设计可以满足多种厨房家居用品的分类收纳，不会相互影响；带有抽拉收纳架的独特设计让收纳变得更安全、方便；同时，开放式的储藏柜设计还便于厨房用具的凉干处理，非常实用。

⑻ 组合橱柜的收纳设计

现代厨房空间中选择组合橱柜家具是很不错的选择，既带有多种功能以满足使用，还能塑造一种空间整体性。组合橱柜的地柜部分设计出多个抽屉用以收纳，能分类摆放各种厨房家居用品；而且在组合橱柜最下方设计的收纳空间非常大，可以放置一些体积较大的烹饪用具，例如锅、壶等。

⑼ 木质储藏柜的收纳布置

在餐厨共用的空间中，主人选择的家具大多采用原木材质，很有自然感和舒适感。为了保持空间的整洁干净，在带有收纳空间的橱柜以外，主人还布置了专门用以收纳整理的储藏柜，能实现最大程度的分类收纳。

现代储藏柜的收纳设计

厨房家具的选择和布置极具现代风格，搁板隔断、抽屉等多种收纳空间的设计，将这款储藏柜的收纳能力展现得完美无遗。

个性橱柜的实用收纳

雅致橱柜的设计很个性，将容易忽视的拐角处充分利用设计成抽屉造型用以收纳，带有具体重量提示的收纳空间更加实用。

古典家具的传统收纳

造型古典怀旧的厨房家具分地柜和吊柜对称布置，抽屉等收纳空间的设计非常传统化，却具有很强的收纳能力。

✹ 厨房收纳装饰小窍门

厨房空间中的饮料和酒类如果不需要进行冷藏处理，那么可以统一摆放在厨柜中，显得较为整齐而美观，但是要注意酒类一定要平放在深处，而且应该是远离阳光的地方。

台面上的收纳布置

在厨房中，洗涤柜、操作台柜等厨房家具都会"无意间"提供一个平整、闲置的台面，而且会有较大的面积。其实，这部分面积是很好的收纳空间，可以摆放一些工作中经常用到的烹饪用具或调味盒等物品，能为主人的生活提供很大的便利，摆放得整齐合理还会给人意想不到的装饰效果。

1 美观而实用的收纳布置

厨房空间的整体风格经典而成熟，还带有一种艺术感。主人布置在厨房家具台面上的收纳不多，仅有的一例采用了个性时尚的造型，美观而实用。

2 巧用竹篮布置厨房收纳

厨房空间布置的温馨浪漫还带有田园气息，给人的感觉舒适、轻松。吊柜和地柜的收纳能力已经很强，剩下的一些杂物可以利用竹篮、碗碟等综合收纳摆放在台面上。

3 分散布置的台面收纳

厨房采取"L"型模式布置，搭配窗户设计，给人的视野感非常开阔。这时候要是想在厨房家具的台面上布置收纳，可以分散开来，以免显得局促杂乱，最好选择一些独具个性的家居用品帮助完成收纳。

清爽精致的厨房布置

虽然厨房与餐厅共处一个空间，但是丝毫没有拥挤感和杂乱感，橱柜台面上的收纳布置分区域、分类别，非常整洁清爽。

淡雅柔和的厨房布置

厨房的色调选择和家具布置非常柔和淡雅，给人一种轻松感；主人将日常会用到的烹饪用具摆放在台面上，方便使用。

现代时尚的厨房设计

岛型厨房布置得极具现代时尚感，是都市生活的展现；洗涤柜和储藏柜台面上摆放的物品经常使用，而吊柜中的物品使用较少。

❋ 厨房收纳的防潮处理

厨房中抹布等潮湿的东西，要拧干再收好；潮湿的物品应该立即烘干，否则容易发霉。

←木质刀架环保、安全，拿取使用也方便，应该将刀面擦干后再放置进去。

❋ 厨房空间的分类收纳

一般情况下，对于厨房中经常用到的烹饪用具来说，长柄锅等可以挂在橱柜的挂钩上或放置在浅抽屉里；较重的锅、壶等厨房用具最好放在腰部以下高度的抽屉或收纳架中。

↓塑料材质的收纳架颜色可以自由选择搭配，随意性强，而且方便清洗整洁。双层的隔断设计极大地增强了其收纳能力，是厨房空间的好帮手。

⁷ 台面中缝设计收纳

在厨房空间中，主人选择布置了灶柜与洗涤柜相对设计的家具，给厨房增添了很强的对称感和美观性。在两款家具的中间位置留有一道中缝面积，主人巧妙地将其用作收纳，摆放一些调味瓶、装饰性小盆栽等物品，满足实用性的同时装饰了空间。

⁸ "L"型家具台面上的收纳

主人使用"L"型的组合橱柜家具布置厨房，打造了一种厨房整体感。在设计厨房收纳的时候，除了橱柜家具上的抽屉等收纳空间整理不常用的物品，主人还在橱柜家具的台面上分开布置了烹饪用具、餐具等收纳区，让主人的烹饪工作变得更加便捷。

⁹ 台面上的简单收纳设计

厨房家具与空间主题风格保持了很好的一致性，整个空间显得非常整洁、清爽。在橱柜家具收纳整理了大部分烹饪用具之后，主人将剩下的调味盒、杯具等小件物品放置在家具台面上，没有影响整体的美观性。

搁板与搁架的收纳布置

　　很多人会在厨房中使用搁板或搁架当作收纳空间，这是合理而巧妙的收纳方式，各有其独特的优点。搁板安置在墙面或家具上用作收纳不会占用厨房的空间面积，而且具有很好的实用性；而搁架的优点更加明显，其收纳能力可以与橱柜等家具媲美，同时移动灵活性很强，因此二者都深受人们的喜爱。

1 多个搁板布置厨房收纳

　　安装在墙面或家具上的多个搁板可以分类收纳、摆放很多的厨房家居用品，而且拿取、存放起来十分方便。要注意在厨房中布置搁板时，应该注意与整体风格保持一致。

2 家具巧作搁架实现收纳

　　在开放式厨房中，除了墙面和吊顶的装饰，其余全部采用原木材质，给人的感觉非常质朴、舒适。家具的上方巧妙设计出双层搁板形成搁架，能收纳一些常用的餐具。

3 折线型搁架的强大收纳

　　主人布置厨房时没有选择吊柜，因此收纳能力有所减弱，但在上层空间的墙面上安置的双层折线型搁架，能收纳、摆放很多物品，丝毫不亚于橱柜的收纳。同时，还将开放式的厨房变成了"半开放式"。

﹛4﹜ 搁板收纳装饰厨房

　　小面积的厨房同样可爱清新，主人在灶具上方的墙面上对称安置搁板，用以摆放调味瓶等。

﹛5﹜ 搁架的超强收纳

　　不锈钢材质的搁架结实干净，收纳碗碟时可以根据实际需要立放或横放，收纳能力很强。

﹛6﹜ 墙面搁板的收纳

　　除了橱柜收纳，主人在抽油烟机两侧和吧台上方的墙面布置了搁板，摆放一些厨房用品。

❋ 搁板、搁架注意防侵蚀

如果厨房中搁板或搁架的位置距离洗涤柜的水池较近，就容易受到水垢的侵蚀，因此应该保持搁板、搁架的干燥清洁，一般来说，全金属材质的搁架易于清洁，是很好的选择。

←造型精致乖巧的收纳盒适合整理、放置厨房中的一些小件物品。

7 时尚的墙面搁板用作收纳

在宽敞的浅色系厨房空间中，地柜、吊柜等全部采用橙黄色的时尚现代家具，打造了经典的厨房空间。在多个抽屉收纳空间之余，时尚的墙面搁板也可以摆放一些物品。

8 低矮的搁板收纳

在经典简约风的厨房中，家具布置很简单。在给厨房增添收纳的时候，主人在吊柜下方安置了墙面搁板，用以收纳摆放一些餐具或装饰品，搁板的高矮度是根据需要而定的。

9 充分利用空间布置收纳

主人采用"一"字型模式布置厨房，显得简洁整齐，因为在灶柜的上方没有安置吊柜或抽油烟机等灯具，因此布置了双层搁板用以收纳物品，也丰富了空间结构感。

❋ 吊柜收纳的布置细节

在厨房中如果计划使用吊柜来收纳整理一些物品，那么吊柜门的门柄要设计成方便最常使用者的高度，而吊柜中方便取存的地方最好用来放置日常使用频率较高的物品。

←体积不大的木质收纳用品既可以放在地面上，也可以布置在台面上；格栅设计有很好的通风效果，能让烹饪用具自然晾干。

⑩

⑪

⑩ 多层搁架的完美收纳

浅绿色的橱柜家具布置厨房，给整个空间带来了清新的气息，让人放松；在橱柜的一旁，主人摆放了多层的金属搁架，让厨房空间的收纳趋向完美。

⑪ 半截搁板的精妙所在

餐厨共用的空间面积不大，却布置得精致整洁，没有丝毫的杂乱感。储藏柜的中空部分安置了一块半截搁板放置书籍，剩余连通的部分还可以收纳摆放水壶等厨房用具。

⑫ 钢化玻璃上的搁架布置

方格状的钢化玻璃装饰厨房增添了通透性与时尚气质，非常美观；在上面安置的搁架既丰富了玻璃墙面的结构感，更能放置厨房用具，帮助完成厨房的收纳工作。

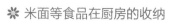

❉ 米面等食品在厨房的收纳

在厨房空间中，洗涤柜水池下面的抽屉等收纳空间湿度最大，其次是紧贴水池两侧的收纳空间，所以这些地方都不适合存放容易吸潮变质的物品，例如米面、杂粮、干货、坚果等食品。

⑫

家居布置魔法空间

厨房篇 → **05** 装饰品的选择与布置

有人认为厨房是劳累、繁琐、无奈的代名词，是纯工作性的空间，其实不然，如果将厨房设计布置得美观舒适、温馨浪漫，那么每天烹饪菜肴的时间也会是一种生活的享受。要达到这种布置效果自然少不了装饰品的点缀，而且装饰品的选择与布置都要合情合理。

厨房墙面上的装饰

　　无论是设计布置厨房背景墙，还是通过装饰画、装饰品点缀墙面，在厨房的墙面上进行装扮都是布置厨房的最佳方式。这种布置方式既不会占用厨房的空间面积，影响人们的正常操作，还能起到增强空间层次感和美观性的作用，最重要的是人们在烹饪菜肴时最容易看见的就是墙面装饰，让人惬意舒心。

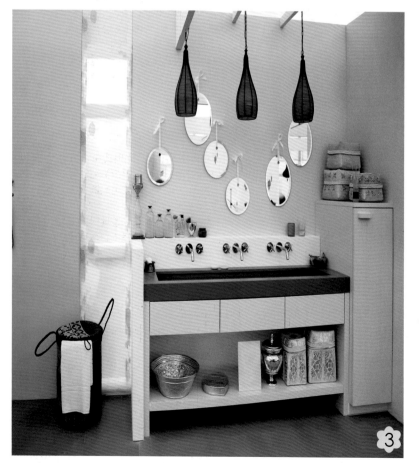

❀1 清新背景墙装饰厨房

　　厨房整体布置以黑白色为主，加上窗户设计，空间显得明亮而舒适，但是少了一丝活泼。蓝色系的小块方格瓷砖装饰背景墙，给厨房增添了清新灵动的气息。

❀2 墙面镜饰装扮厨房

　　"L"型模式的厨房在颜色搭配和家具布置上都非常简单精致，但是难免会有些单调。主人大胆地在洗涤柜上方安置了镜饰，拉近了与生活地距离，也创造了空间感。

❀3 椭圆形壁挂布置厨房空间

　　厨房家具布置得较为分散，这样如果两个人在里面忙碌起来不会出现拥挤碰撞的现象。墙面上椭圆形的壁挂可爱而优雅，与个性吊灯、精巧家具完美呼应，装点着厨房。

✿ **如何确定装饰画的图案**

画的图案和样式代表了主人的私人视角，所以选择什么不是很重要，关键的是应该与空间的主要功能相互吻合。例如对外的空间最好选择大气的装饰画，图案最好是唯美风景；而厨房则可以选择布置一些带有食物、植物图案的装饰画。

↓象征着自然与希望的布艺装饰品布置空间，会给人增添一种活力。

4 优雅的墙面装饰

　　餐厅与厨房同处在一个空间中，主人将其设计得优雅而高贵，空间以白色系装饰为主，加上灶柜和抽油烟机的独立设计，更保证了空间环境的整洁与清爽。在蓝灰色与白色的两扇墙面上，主人通过布置装饰画和设计背景墙的方式加以装饰，更添浪漫感。

5 清新浪漫的厨房背景墙

　　"L"型的厨房布置模式中，橱柜等家具以金黄色为主，台面是纯黑色的天然大理石，搭配上方墙面的棕黄色装饰，给人营造了一种很强的经典现代感和浓郁的高贵气质。而主人在设计厨房背景墙时以清雅色系为主，加上优美的曲线线条，与吊柜上的装饰相呼应，带来了一股清新浪漫的气息。

6 艺术装饰画布置墙面

　　"L"型厨房模式与餐厅空间完美地融合在一起，很有整体感；经典的黑白色搭配让整个空间的气质得以瞬间提升，尽显高贵典雅之气。餐厨空间的装饰不多，墙面上带有浓郁中式艺术风的装饰画与端景桌上的艺术品相呼应，在灯光的效果下，完美绽放。

7 装饰画呼应背景墙

岛型的厨房模式十分时尚、开放，影响着厨房背景墙的裸墙造型和中式艺术装饰画也彰显着优雅之美。

8 浪漫唯美的墙面装饰

厨房家具的布置很简约，但是通过色彩搭配显得浪漫而温馨，带有花朵图案和自然景致的背景墙装饰十分唯美，耐人寻味。

9 天然大理石装饰背景墙

开放式厨房兼具餐厅功能，家具的选择和布置沉稳大气中蕴含着质朴，而主人用天然大理石装饰背景墙，有一种粗犷自然之美。

❋ 强化玻璃装饰厨房墙面

强化玻璃装饰厨房优点很多，高透光及折射性，能让室外光源穿透进入营造自然明亮感；如果是彩绘玻璃或玻璃砖，还有宛如玻璃墙的效果。

←最近在家装领域非常流行文化石裸墙造型，能给居室空间带来一种质朴气息和原始自然美。

适合厨房的时尚装饰品

也许有人会认为所有时尚、个性的装饰品都不适合布置装扮在厨房空间中，其实这是错误的想法。厨房虽然是烹饪菜肴的工作性空间，但是依旧可以展现给人们时尚、前卫的一面。适合厨房空间的时尚装饰品也有很多，例如曼妙的瓶花、个性十足的艺术品、精致的玻璃装饰品等，只要搭配布置得巧妙合理，都能很好地点缀厨房。

1 时尚餐具装点厨房

要布置装饰厨房，不一定必须选择单纯装饰性的物品，时尚而优雅的酒杯、碟盘等餐具如果摆放合理，搭配巧妙，在厨房中同样是经典的装饰品。

2 精致餐具布置厨房

厨房以灰色和白色为主流色调来装饰，给人一种雅致、悠闲的感觉。在这样一间素雅的厨房中，当然不适合摆放色彩艳丽的装饰品，精致的中性色餐具或许是最好选择。

3 多个艺术品装饰厨房

主人在布置装饰厨房的过程中，除了赋予其烹饪工作的实用性以外，还为厨房进行了完美的装饰，个性的艺术品、烂漫的瓶花、典雅的盆景等一起装扮着厨房空间。

※ 装饰小面积厨房的注意事项

小面积厨房中最好不要做过多的造型设计，以免让人觉得眼花缭乱；色彩上最好选择单一色调，也可以选择两种色调相互搭配，但是最好选择具有扩张性的冷色调。

←金色的人物雕像搭配黑色底座构成的艺术品非常经典高贵，装饰在居室空间中能完美地展现主人的生活品味。

④ 时尚艺术品布置厨房

白色系占据主流色调的厨房给人一种清新纯净的感觉，个性蜡烛、陶瓷品等时尚艺术品摆放在橱柜家具的台面上，将厨房空间装扮得完美而经典。

⑤ 玻璃装饰品布置厨房

装饰厨房空间时可以采取这种局部集中装饰的方法，在某一款厨房家具的台面上摆放精美的玻璃装饰品，与两侧的台灯搭配，既有实用功能，又很好地布置了厨房。

⑥ 艺术蜡烛装扮厨房空间

厨房采用岛型模式来布置，在开放式空间中追求一种整洁与大方的美观性；原木色的厨房家具与灰白色墙面、地面搭配，让人觉得质朴而简单；主人在操作台柜上巧妙地摆放了带有艺术性的蜡烛，融入了一丝浪漫、时尚的气息。

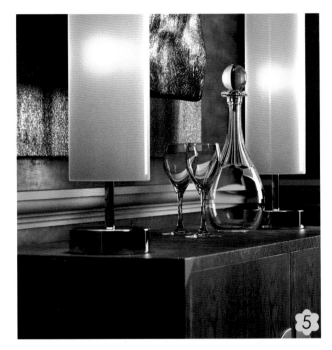

7

8

{7} 个性艺术品装扮厨房

在厨房空间的一角，主人设计出双层凹状墙体造型，摆放了时尚浪漫的个性艺术品，给原本单调的厨房增添了美观性。

{8} 经典艺术品布置厨房

在洗涤柜与吧台共用的台面上，主人分别布置了精美的玻璃装饰品、古典艺术品等，将厨房装扮得非常唯美。

{9} 现代装饰品布置厨房

厨房空间采用经典现代的整体风格来布置，很有都市感觉；主人又在储藏柜上方摆放了现代个性的装饰品，再添时尚感。

{10} 简约艺术品装扮厨房

宽敞的厨房采用"一"字型模式布置，加上色彩搭配，显得雅致而简单；在角落空间摆放的简约艺术品，有画龙点睛之意。

9

10

台面边缘摆放装饰品

灶柜家具的台面边缘摆放清新美丽的玻璃装饰品，调节了厨房的氛围，也不会影响主人的烹饪。

墙面角落布置装饰品

主人在墙面搁板上以及橱柜家具的拐角处布置了时尚简约的个性装饰品，不会影响日常的工作。

分散点缀装饰品

宽敞的厨房使用和装饰起来非常方便，分散布置在家具台面上的装饰品相互呼应，装扮作用很强。

❋ 装饰品布置厨房的注意事项

无论选择何种风格、何种材质、何种造型的装饰品布置厨房空间，都要遵循一个原则，不能影响人们正常的操作和工作，厨房装饰应该是在实用性的基础上追求美观性。

←海豚造型的玻璃装饰品精美优雅，是装扮居室的很好选择。

古典风格装饰品的布置

选择古典、怀旧风格的装饰品布置厨房，有时是为了与室内的整体风格保持一致，营造一种空间整体感，加强厨房的古典韵味；但是有时厨房的主题不是古典风格，为了满足主人特殊的兴趣和追求，选择并布置一些古典装饰品或怀旧艺术品，可以展现出主人的生活品味和内涵修养，构建一种内秀之美。

① 怀古花瓶布置厨房

在精致简约的厨房空间中，主人只布置了一款装饰品，却有以一当百的作用，怀旧的花瓶艺术品演绎着一种文化底蕴。

② 陶瓷艺术品装饰厨房

主人在布置厨房时追求以实用为第一原则，只是在厨房家具的搁板上摆放了陶瓷艺术品，带来了一种古典韵味。

↑装饰品做工精湛，清新雅致，还带有深厚的文化底蕴，布置居室空间能提升气质。

❀ 厨房装饰品的实用性

布置厨房的装饰品最好还具有一定的实用性，例如绚丽多彩的整套水果餐具、陶瓷或玻璃器皿等都是不错的选择。

←独特造型设计的红酒架演绎着古典高贵的气质，同时兼具原本的实用功能。

❀ 烛台装扮古朴厨房

空间的棕褐色墙面和黑色地面装饰给人一种沉稳古朴的大气感；"L"型的厨房布置模式中，连接灶柜与洗涤柜之间的家具兼有操作台柜和餐桌的双重功能，非常实用；摆放的烛台装饰品以其优雅的外观彰显着古典高贵之感。

❀ 古典花瓶点缀简约厨房

半半岛型的厨房空间布置得简单而具有现代感，纯净的白色系装饰搭配时尚的百叶窗设计，让厨房显得干净而宽敞，主人置身其中也会感到身心的放松；主人采用对比手法布置空间，选择了两款古典怀旧的艺术花瓶点缀厨房。

❀ 大气装饰品布置古典厨房

复式楼的厨房设计为开放式的岛型模式，古典怀旧风格的厨房家具与空间的硬装修有很好的统一性，营造了一种古朴意境。摆放在洗涤柜台面一角的装饰品带有复古韵味和大气感觉，与空间的整体风格完美融合，不仅不会影响日常的工作，还能巧妙地点缀厨房。

巧用布艺品装饰厨房

　　巧妙使用布艺品装饰厨房空间是非常不错的选择。厨房中的布艺品一般是指厨用窗帘、冰箱套、隔热垫等，它们都具有很好的遮光、防热或防尘等实用功能，还能以其质感的柔软性和选择搭配的随意性调节厨房装修的生硬特点，如果在颜色或样式上选择、搭配合理，能将厨房装饰得非常美观。

布艺彩旗布置厨房

　　厨房所占面积很大，灰白色的主流色调加上超大窗户设计，整个空间明亮而宽敞、素雅而安静。主人在吊顶上布置的布艺彩旗为厨房带来了灵性与色彩。

轻盈窗帘装饰厨房

　　厨房中的家具都追求一种精致简单，力争给人一种干练的感觉，加上"L"型布置，更显整洁有序。主人选择布置了与厨具同样色彩的飘纱窗帘，轻盈而唯美。

方格卷帘装扮厨房

　　在布置装饰这间淡雅、简约风格的厨房空间时，除了使用精巧的绿色盆栽以外，主人还布置了带有方格图案的卷式窗帘，呈现出一种质朴、怀旧的氛围。

④

④ 双层窗帘装饰厨房

　　开放式厨房与餐厅在同一空间，宽敞明亮；在整体布置上清新中透着雅致气息；主人采用双层窗帘装饰餐厨空间，将美观性与实用性完美地结合在一起。

⑤ 蓝色窗帘布置厨房空间

　　在布置厨房的色彩时，主人大面积使用经典的黑白色装饰，搭配浅色地板，整个空间简单素雅。一席蓝色的厨用窗帘布置其中，成为厨房的视觉焦点。

⑥ 飘纱窗帘布置厨房

　　简约现代风格的餐厨空间设计有较大面积的窗户，装饰一款白色的飘纱窗帘，不仅与室内整体风格保持一致的美观性，而且可以在阳光强烈时遮挡光线。

❀ 布艺品装饰厨房的整体考虑

选择布艺品布置厨房不应该单独考虑一件布艺品是否漂亮，而应当横向比较其是否符合空间的整体需求。

←舒适柔软的隔热手套在厨房中是必备的，主人在给家人烹制佳肴的时候也要呵护自己。

⑤

⑥

瓶花装饰品布置厨房

　　瓶花是很多人装扮居室的第一选择，尤其是干花、干枝装饰品出现以后，瓶花装饰空间的选择性就变得更大。厨房给人的感觉总是忙碌和劳累，而摆放、装饰瓶花就能很好地缓解这种感觉，时尚的干花、干枝可以给厨房空间带来艺术感，自然的鲜艳花朵则更显浪漫与清新气息，能让在厨房中忙碌的人们感受到一种活力，让人们的生活变得丰富多彩。

⟨1⟩ 艺术瓶花点缀厨房

　　"L"型布置的厨房很有特点，厨房家具上的原木纹理装饰给人的感觉非常质朴，与白色系的优雅非常和谐。台面上摆放的瓶花体积虽小，但无疑是空间的视觉焦点。

⟨2⟩ 绚烂瓶花装饰厨房

　　靠墙布置的吊柜与地柜精致简约、高度适宜，给主人的烹饪工作带来很大便利；台面上众多餐具、调味瓶之间的绚烂瓶花有很好的装饰作用，主人忙碌中可以欣赏一番。

⟨3⟩ 瓶花呼应布置厨房

　　厨房布置得非常具有实用性，中间台面除了满足厨房工作使用以外，还可以当作吧台或餐桌，上面的干花装饰品与角落的瓶花相呼应，共同装饰着这间厨房。

4

✿4 清新瓶花装饰厨房空间

　　厨房布置得简单精致，白色系让空间显得更加宽敞，但是难免略显乏味，因此主人在家具台面的拐角处摆放了瓶花，给空间带入了一丝清新自然气息。

✿5 真假混搭瓶花布置厨房

　　从厨房的干净整洁可以看出其强大的收纳设计，因为全部采用中性色系装饰，显得有些沉闷，墙角处真假混搭的瓶花装饰，让气氛瞬间活跃起来。

✿6 浪漫瓶花布置暖色调厨房

　　厨房的色彩布置搭配光线效果，给人一种温暖柔和的感觉，在灶具旁边摆放的瓶花位置恰当，不会影响烹饪操作，还带来了浓浓的浪漫气息。

❋ 厨房布艺品的选择有讲究

厨房中的布艺品应该尽量选择较薄的化纤类材料，因为厚实的棉纺类织物容易吸收气味且不容易散去。

←如果担心浪费空间，不想在厨房中摆放瓶花、盆栽等，这样的花朵造型灯饰绝对是不错的选择。

5

6

7 唯美瓶花点缀厨房

精致现代的厨房中，洗涤柜的水池上方布置了收纳等实用设计，在一侧摆放了唯美浪漫的瓶花作为装饰，象征着幸福的生活。

8 绚丽瓶花装扮厨房

餐厨共用的空间很宽敞，厨房家具的黑色与硬装修的灰白色成为主流色调后，台面上绚丽瓶花的装饰作用显得愈发重要。

9 鲜艳瓶花布置空间

开放式的居室设计，厨房布置得时尚而简约，在"U"型模式的外缘一角，矗立的高挑瓶花鲜艳夺目，装饰性非常强。

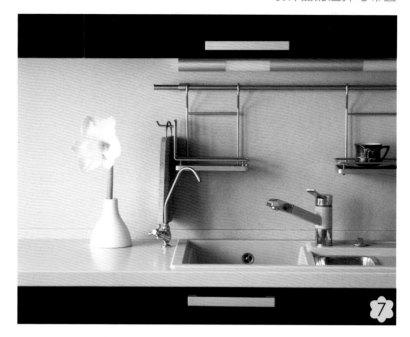

❋ 厨房中鲜花的作用与养护

在厨房中布置鲜花可以给居室空间增添活力和能量，因此应该选择色泽和外形都是上等的鲜花。同时，还要注意鲜花的养护，每天应该勤于换水并裁剪花茎，还要及时清理凋谢枯萎的花朵，延长其生命期。

←多边造型的隔热垫有多种颜色可供选择，主人可以根据自己的喜好来选择并布置厨房或餐厅。

❋ **大型厨房的装饰技巧**

大型的厨房装饰起来有很多技巧，较大的空间面积为瓷器柜、书架以及主人钟情的照片、艺术蜡烛等提供了空间，将主人想要展示的物品小心放置在开放式的搁架上，处理好装饰品之间和空间之间的关系，会起到很好的装饰作用，看起来非常美观。

↓永远有一部分人钟爱于复古风格的装饰品，这是一种文化内涵的展现。

🌼 **瓶花搭配烛台装扮厨房**

岛型模式厨房完全采用经典现代风格装修，玻璃和金属在空间的巧妙使用展现了很强的现代质感；主人特意将灶具与抽油烟机等烹饪用具布置在中间，更有利于操作的便捷和室内空气的净化。摆放在吧台上的娇艳瓶花与艺术烛台搭配，成为视觉的焦点。

🌼 **艳丽瓶花装饰简约厨房**

开放式的厨房空间面积很大，加上主人在布置厨房时选用简约现代风格的家具，搭配半岛型的模式设计，厨房显得非常宽敞。一款艳丽红色的瓶花摆放在空间外缘的墙角位置，与墙面搁板上的绿色盆栽完美呼应，不会影响活动与工作，而且装饰作用极佳。

🌼 **艺术瓶花布置厨房**

厨房空间的设计和布置很有特点，融合了质朴和现代两种风格，方形的组合橱柜与弧形吧台式餐桌搭配在一起巧妙而美观。厨房空间的装饰简单而精巧，带有淡淡艺术气息的瓶花摆放在吧台式餐桌的一角，不会妨碍主人的生活，还给厨房增添了浪漫感。

06 绿植盆栽的布置

在装饰居室空间的过程中，绿植盆栽以其清新自然的气息和田园浪漫的风格一直深受人们的喜爱，因此，它们也是布置厨房空间的软装元素之一。但是要注意，在厨房中摆放绿植盆栽不能影响人们的正常工作，巧妙合理的搭配布置才能实现最佳的装饰作用。

与厨房风格搭配的绿植盆栽

选择与空间整体风格相搭配的绿植盆栽来布置厨房，才能起到最好的装饰作用，实现相得益彰的布置效果。与厨房整体风格相搭配，不仅是指绿色植物的种类和价格，也包括花盆的造型、样式等。

❀1 小巧盆栽点缀厨房

为了最大程度地方便主人工作，厨房空间的整体布置以精致、整洁为主要原则，加上背景墙装饰以草绿色为主，因此在墙角摆放了小巧的盆栽，轻轻地点缀了厨房。

❀2 浅绿色盆栽布置厨房

厨房的硬装修和软装饰在色彩上保持高度的统一性，都以浅淡色调来装饰，给人的感觉非常清新、舒雅，所以在布置盆栽时，主人特意选择了浅绿色的植物。

❀3 观叶植物盆栽装扮厨房

主人将厨房空间设计布置成浓郁的古典风格，展现着主人成熟而内敛的生活态度。在这样的厨房中摆放盆栽，浓绿色的观叶植物或许是非常不错的选择。

④ 开放式简约厨房的布置

厨房采取开放式简约风格设计，还带有餐厅功能，很有都市风范。外形简单的绿植摆放在空间边缘，兼具空间划分的作用。

⑤ 优雅厨房的盆栽布置

优雅的岛型厨房面积宽敞，因此在厨具布置上比较分散，更添高贵气质。主人将各种盆栽布置在空间边缘或墙角，非常美观。

⑥ 时尚厨房的盆栽摆放

经典的黑白色在厨房中的应用营造了一种时尚现代的风格，家具台面上摆放的精致盆栽与整体风格完美融合。

❋ **厨房绿植盆栽摆放技巧**

一般来说，厨房空间的面积较小，而且设有橱柜、电器等，因此布置绿植盆栽时宜简不宜繁，宜小不宜大。考虑到厨房中温湿度的变化较大，所以应该选择一些适应性强的小型盆栽，例如三色堇等。

←体积小巧的观叶植物盆栽更适合摆放在厨房家具的台面上，装饰空间的同时还能净化室内空气。

大型绿植盆栽的摆放

　　在厨房中摆放布置大体积的绿植盆栽，会使其装饰、美化空间的效果大大增强，而且一般来说，大体积的绿植盆栽生命力较强，更能适应厨房空间的环境。要注意的一点是，在厨房中布置大体积的绿植盆栽应该注意其摆放的位置，要保证其美观性，同时不能影响人们的活动和工作。

❉ **观叶植物怎样越冬**

观叶植物多生长于热带或亚热带地区，25-30℃是其生长的最适宜温度。如果应用在四季变化明显的地区，在寒冷时节经常会因为接触突然的低温而造成植物冻死或枯萎。如果想使用观叶植物作盆栽布置厨房，可以在将其放入厨房前，让它在室外充分接触初秋时节的低温气候，增强自身的抗寒能力，这样就能逐渐适应低温环境。

⓵ 高挑绿植装饰厨房

　　厨房空间的布置简约而精致，巧妙的色彩搭配给人一种经典雅致中带有淡淡温馨的视觉感。地面上的高挑绿植与台面上的瓶花形成呼应，给厨房带来了一股自然气息。

⓶ 竹子盆栽间接装点厨房

　　开放式的厨房空间设计成岛型模式，布置得非常紧凑，大型绿植摆放其中的话可能会影响家人走动，因此在厨房与其他空间的过渡处布置竹子盆栽，可以间接装点厨房。

⓷ 优美绿植布置厨房

　　主人在布置厨房的时候，将工作区和装饰区划分得非常明显，保证在不影响工作基础上的美观性。工作区外缘的优美绿植摆放在窗户边，能让植物更好地生长。

④ 橱柜一侧布置绿植

在"L"型橱柜一侧的地面上摆放大型绿植,不会影响主人的正常生活;大型绿植与台面上的精巧盆栽对应,给浅暖色厨房增添了清新自然的气息。

⑤ 厨房空间一隅摆放绿植

整个厨房空间的布置比较严谨,以家具为周围的隔断,实用而美观;在厨房空间的一角入口处,布置了较大体积的观叶植物,装饰性很强。

⑥ 现代厨房的绿植布置

带有经典现代风格的厨房呈"L"型模式布置,中部空间非常宽敞,主人摆放了大型的观叶植物,用自然气息调节了现代感的生冷氛围。

❋ 室内绿植盆栽的选择

选择室内绿植盆栽的种类,要根据居室空间的大小、采光条件以及主人的个人爱好而定,不能盲目装饰。

←精美的盆景搭配古典的花盆构成一幅"立体的画",摆放在任意空间都是很好的装饰品。

中层空间摆放绿植盆栽

　　厨房有很多的中层空间，例如操作台柜等厨房家具的台面或窗台，这部分空间是人们在厨房中视线停留时间最长的区域，如果在这部分中层空间布置绿植盆栽，会让人们的心情随之喜悦。

⟨1⟩ 矮墙上布置盆栽

　　厨房采取半开放式来布置，这样具有很好的空间通透性和美观性。具有隔断效果的矮墙本身就透着乡村气息，在上面布置盆栽更添自然韵味。

⟨2⟩ 家具台面拐角处摆放盆栽

　　当餐厅设计布置在厨房的时候，一定要注意整个空间的美观性。在中层空间摆放盆栽最适合人们欣赏，但是不能因此而影响主人的烹饪工作，所以拐角处是最佳位置。

⟨3⟩ 中部吧台上装饰精美盆栽

　　采取岛型模式布置的厨房中，中间区域设计出一个吧台造型，时尚而优雅，上面摆放了一款造型精美的绿色盆栽，将整个空间装点得更加完美。

4 窗台上摆放盆栽

厨房布置比较紧凑，方便使用，将盆栽摆放在窗台上，不仅容易存活，装饰性也会得以加强。

5 空闲台面上的盆栽

将盆栽摆放在使用频率较低的家具台面上，不会影响主人的烹饪操作，能更好地装饰空间。

6 中间台面布置盆栽

将欣赏性极强的绿色盆栽摆放在中间位置的家具台面上，能起到装饰整个厨房的效果。

❋ 厨房布置盆栽注意位置得当

在厨房空间中摆放绿植盆栽的时候要注意其位置的选择，尤其是枝叶繁茂的植物，无论摆放在上层位置还是厨房家具的台面上，都要注意不能遮挡光线，以免影响正常的工作。

←这种精巧的盆栽种类多、体积小，摆放在任意位置都可以。

❋ 能够净化空气的植物

选择能够净化空气的植物来布置厨房非常好，一般来讲，主要包括吊兰、芦荟、万年青、蔷薇、一叶兰等植物。

←这款绿色盆栽的叶子非常好看，有很强的装饰性。

⑦ 对称摆放绿植盆栽

厨房空间的布置非常简单、质朴，在追求实用性的同时没有进行过多的装饰性布置，主人在窗户一侧的操作台柜上对称摆放了两款造型不同的绿植盆栽，很有美观性，能让忙碌的主人感受到一种清新和幽雅。

⑧ 与瓶花呼应摆放盆栽

在简约现代风格的厨房空间中，主人布置厨房家具时力争追求一种简单、精致，"L"型的组合橱柜恰好能够满足这点要求。在精致的家具上主人摆放了观叶植物的盆栽，与墙角的瓶花形成呼应，起到了装扮厨房的作用。

⑨ 窗边"种植"绿色盆栽

半岛型厨房模式的一侧设计成吧台式餐桌，是两口之家幸福生活的写照；灰色石材台面、裸墙造型设计以及原木材质的储藏柜家具，这些都是田园自然风格的象征，能给主人带来舒适惬意的生活享受；窗边的绿色盆栽宛若种植在上面一样，增添了一种自然气息，非常淳朴。

上层空间布置绿植盆栽

在厨房的家具上方或墙面搁板等上层空间摆放一些精美的绿植盆栽，对人们在厨房中的烹饪操作不会产生丝毫的不利影响，而且还能缓解厨房布置的单调性和乏味感，是装饰厨房空间的有效途径之一。

1 盆栽装饰经典厨房

主人用"U"型模式布置厨房，因此只要安置一款吊柜就可以满足需求。黑灰色与米白色在空间的运用营造了一种经典气质，吊柜上的盆栽恰好装扮着这种经典。

2 藤蔓植物布置厨房

成熟稳重的人们总喜欢把厨房布置得非常质朴，不会进行过多的装饰，但是摆放绿色盆栽还是很有必要的，在上层空间布置这样一款藤蔓植物，美观而不会影响工作。

3 可爱盆栽装点厨房空间

"一"字型模式布置的厨房中，主人在墙面上设计了多层搁板，一是为了方便常用物品的收纳整理，同时也提供了摆放装饰品的平台，例如，可以在最上层布置这样三个可爱造型的盆栽。

❋ 不适于布置在厨房的植物

有些植物不适于摆放在厨房空间中，否则会影响人们的身体健康，例如过香的兰花、容易导致咳嗽的紫荆花、带有毒性有机物的含羞草以及月季花等。

↓叶子和花朵都富有观赏性的植物搭配上精巧可爱的花盆，这样的盆栽摆放在居室空间中非常合适，而且体积较小方便移动，主人可以随意更换位置。

④ 悬挂板上摆放盆栽

小户型的居室空间中，厨房设计成开放式会显得宽敞一些，"U"型厨房模式能让烹饪工作最大程度地方便化。与客厅相连接的厨房更讲究环境的美观性与空气的清新性，所以主人在安装灯饰的悬挂板上布置了多款盆栽，对于空间美化有很大的作用。

⑤ 吊柜家具上方布置盆栽

岛型布置模式的厨房采用怀旧质朴的风格来装修，给人的感觉非常宁静舒适；地柜与吊柜的对称布置让烹饪操作、收纳工作变得更加方便快捷；为了给厨房注入活力感，主人在吊柜的上方摆放了藤蔓植物盆栽，在不影响工作的基础上装饰了空间。

⑥ 上下照映布置盆栽

开放式的厨房布置融合了中式元素和欧式元素，整个空间显得优雅而淳朴，中间的吧台设计还可以当作操作台柜使用，有一举两得的设计效果；布置在上层空间的观叶植物盆栽与台面上的盆栽相互照映，给厨房注入了原始的大自然气息。

多个绿植盆栽的搭配与摆放

如果想在厨房空间中布置多个绿植盆栽，一定要注意它们之间的风格搭配、大小形状以及位置摆放，这样才不会自相矛盾，画蛇添足。

←带有彩绘图案的花盆本就十分美观，搭配上造型可爱、气息清新的植物，装饰效果非常强。类似于此的精巧盆栽很适合摆放在橱柜上，调节人的心情。

⟨1⟩ 相互呼应的盆栽布置

岛型模式的厨房装饰得古朴雅致，呈现给人们一种悠闲、安静的氛围。但是其中少了一些活泼气息，因此主人分别在两款家具上布置了盆栽，相互呼应装饰空间。

⟨2⟩ 集中摆放的绿植盆栽

如果厨房中有足够大的面积，可以专门腾出一块空间设计为休闲区域，这时候可以将多款绿植盆栽集中起来摆放于此，营造一种浓郁的自然气息，陶冶情操。

⟨3⟩ 点状方式布置盆栽

如果想在"一"字型模式的厨房中摆放小型盆栽，只有一条直线型的台面作为平台，堆放在一起很可能会影响烹饪操作，因此以点状方式分散布置是很好的方法。

4

④ 直线排列的精致盆栽

"L"型布置的厨房充分利用较大面积的窗户设计，让简约现代的厨房更显明亮，三个精致盆栽直线排列摆放，简单而美观。

⑤ 四个盆栽的"一"字型摆放

厨房的面积较小，又要布置较多的厨具、电器等，没有过多空间装饰盆栽，主人将四个盆栽"一"字型摆放在窗边，与自然非常接近。

⑥ 巧妙摆放盆栽方便生活

大理石台面上要进行烹饪操作，还要摆放厨具、调味盒等，此时集中摆放多个盆栽要根据其不同的外形巧妙摆放，以方便生活。

5

❋ 厨房摆放驱蚊虫的植物

厨房空间容易滋生蚊虫，可以摆放蚊净香草这种植物帮助驱蚊虫，营造好的环境。

←这种绿色植物搭配亮色系花盆使得这款盆栽极具观赏价值。但是摆放在厨房中要注意时常为其修剪。

6